Gesetz und Verordnung

betreffend

die Schiffsmeldungen

bei den Konsulaten des Deutschen Reichs

sowie das

Konsulatsgebührengesetz

vom 17. Mai 1910.

Hamburg.

L. Friederichsen & Co.

(Dr. L. u. R. Friederichsen.)

Land- und Seekartenhandlung,
geographische und nautische Verlagshandlung.

1910.

Gesetz und Verordnung,

betreffend die Schiffsmeldungen bei den Konsulaten des Deutschen Reichs.

I. Gesetz.

Wir Wilhelm, von Gottes Gnaden Deutscher Kaiser, König von Preußen 2c.

verordnen im Namen des Reichs, nach erfolgter Zustimmung des Bundesrats und des Reichstags, was folgt:

§ 1.

Der Führer eines deutschen Kauffahrteischiffes ist verpflichtet, die Ankunft des Schiffes in einem zu dem Amtsbezirke eines deutschen Konsulats gehörigen Hafen und den Abgang des Schiffes aus einem solchen Hafen dem Konsul mündlich oder schriftlich zu melden.

Die Meldung der Ankunft hat innerhalb der beiden nächstfolgenden Tage, die Meldung des Abgangs vor der Abfahrt des Schiffes zu geschehen.

§ 2.

Die Meldungen sind nicht erforderlich, wenn das Schiff den Hafen nur angelaufen hat, um

1. auf Wind oder Gezeit zu warten,
2. den Bedarf an Proviant, Wasser oder Ausrüstungsmaterial zu ergänzen,
3. Lootsen einzunehmen oder abzusetzen,
4. Personen oder Ladung einzunehmen oder abzusetzen, sofern der hiermit verbundene Aufenthalt nicht länger als 48 Stunden währt,
5. Briefe oder Orders in Empfang zu nehmen oder abzusenden,
6. etwaigen Polizei-, Zoll- oder anderen am Orte bestehenden Vorschriften nachzukommen.

§ 3.

Die näheren Bestimmungen zur Ausführung dieses Gesetzes werden durch Kaiserliche Verordnung erlassen. Die Verordnung bestimmt insbesordere die Punkte, über welche der Schiffsführer dem Konsul bei der Meldung Auskunft zu erteilen hat.

§ 4.

Der Schiffsführer, welcher den Vorschriften dieses Gesetzes zuwider es unterläßt, die Ankunft oder den Abgang des Schiffes rechtzeitig zu melden, wird mit Geldstrafe bis zweihundert Mark bestraft.

Die gleiche Strafe trifft den Schiffsführer, welcher eine den Bestimmungen der Kaiserlichen Verordnung (§ 3) nicht entsprechende Meldung der Aufforderung des Konsuls ungeachtet zu vervollständigen unterläßt.

Urkundlich unter Unserer Höchsteigenhändigen Unterschrift und beigedrucktem Kaiserlichen Insiegel.

Gegeben Berlin, den 25. März 1880 ꝛc.

II. Verordnung.

Wir Wilhelm, von Gottes Gnaden Deutscher Kaiser, König von Preußen ꝛc.

verordnen im Namen des Reichs, auf Grund des § 3 des Gesetzes vom 25. März 1880, betreffend die Schiffsmeldungen bei den Konsulaten des Deutschen Reichs, was folgt:

§ 1.

Bei der dem Schiffsführer eines deutschen Kauffahrteischiffes nach der Ankunft des Schiffes in einem außerdeutschen Hafen obliegenden Meldung ist dem zuständigen deutschen Konsul anzuzeigen:

1. der Name, das Unterscheidungssignal, der Heimatshafen, die Gattung und der Nettoraumgehalt des Schiffes,
2. der Name und der Wohnort des Eigentümers oder des Korrespondentreeders des Schiffes,
3. der Ort und der Tag der Ausfertigung des Schiffszertifikats oder des Flaggenattestes des Schiffes,
4. der Ort und der Tag der Ausfertigung der Musterrolle, sofern dieselbe nicht vorgelegt wird, sowie die Zahl der Schiffsmannschaft.
5. Die Zahl der mit dem Schiffe angekommenen Passagiere,
6. ob das Schiff mit Ballast oder mit Ladung angekommen ist, letzterenfalls unter summarischer Bezeichnung der Ladungsgegenstände,
7. der Ort und der Tag des Reiseantritts und der Tag der Ankunft im Hafen,
8. ob bezw. welche Häfen von dem Schiffe während der Reise angelaufen worden sind,
9. die Adresse desjenigen, welcher die Klarierungsgeschäfte des Schiffes am Orte besorgt.

Den unter 1 bis 3 geforderten Anzeigen kann auch durch Vorlegung des Schiffszertifikats oder des Flaggenattestes genügt werden.

§ 2.

Hat der Konsul in dem Hafen, welchen das Schiff besucht, seinen Wohnsitz, so ist bei der Anmeldung auch die Musterrolle der Mannschaft des Schiffes vorzulegen. Dieselbe wird von dem Konsul aufbewahrt.

§ 3.

Bei der Abmeldung ist anzuzeigen:

1. der Bestimmungsort des Schiffes,
2. ob das Schiff mit Ballast oder mit Ladung abgeht, letzterenfalls unter summarischer Bezeichnung der Ladungsgegenstände,
3. der Tag der Ausklarierung.

§ 4.

Erfolgt die Meldung schriftlich, so ist dieselbe von dem Führer des Schiffes zu unterschreiben.

§ 5.

Genügt der Inhalt der Meldung dem Konsul nicht, so hat der Schiffsführer dieselbe auf ergangene Aufforderung nach Maßgabe der obigen Bestimmungen baldtunlichst zu vervollständigen.

Urkundlich unter Unserer Höchsteigenhändigen Unterschrift und beigedrucktem Kaiserlichen Insiegel.

Gegeben Bad Gastein, den 28. Juli 1880 ꝛc.

Konsulatsgebührengesetz.

Vom 17. Mai 1910.

Wir Wilhelm, von Gottes Gnaden Deutscher Kaiser, König von Preußen ꝛc.

verordnen im Namen des Reichs, nach erfolgter Zustimmung des Bundesrats und des Reichstags, wie folgt:

§ 1.

Bei den Konsulaten (Generalkonsulaten, Konsulaten, Vizekonsulaten) des Deutschen Reichs werden die Gebühren und Auslagen nach dem diesem Gesetz angehängten Tarif und den folgenden näheren Vorschriften erhoben.

§ 2.

Im Falle der Bedürftigkeit der Beteiligten müssen die Gebühren für die in dem Tarif aufgeführten Amtshandlungen erlassen werden.

Im übrigen dürfen die in dem Tarif festgesetzten Gebühren von Berufskonsuln und von solchen Wahlkonsuln, die auf Grund des § 10 des Gesetzes vom 8. November 1867, betreffend die Organisation der Bundeskonsulate sowie die Amtsrechte und Pflichten der Bundeskonsuln, (Bundes-Gesetzbl. S. 137) Erstattung dienstlicher Ausgaben aus Reichsmitteln beanspruchen, nur aus besonderen vom Reichskanzler vorgesehenen Gründen erlassen werden.

§ 3.

Sind die Gebühren nach dem Werte des Gegenstandes zu berechnen, so ist der gemeine Wert, bei Forderungen das Kapital ohne Zinsen maßgebend. Läßt der Gegenstand eine Schätzung nach Geld nicht zu, so erfolgt der Gebührenansatz nach dem Werte von 2000 Mark, ausnahmsweise niedriger oder höher, jedoch nicht unter 200 Mark und nicht über 50 000 Mark.

Die Gebühren steigen in Abstufungen von je 0,50 Mark; überschießende Beträge werden nach oben auf 0,50 Mark abgerundet.

Der Reichskanzler wird ermächtigt, die Gegenwerte der Gebührenbeträge in fremder Währung, unter Einrechnung der Überweisungskosten und unter Bestimmung der Abrundungsgrundsätze, festzusetzen.

§ 4.

Wird die Amtstätigkeit des Konsuls in Anspruch genommen, das Gesuch aber vor vollständiger Aufnahme der Verhandlung zurückgezogen oder der Abschluß des Geschäfts von seiten der Parteien vereitelt, so wird die Hälfte der betreffenden Tarifsätze erhoben.

Für die bloße Aufnahme von Anträgen sind keine Gebühren zu erheben.

§ 5.

Ist eine Urkunde oder eine Verhandlung in einer anderen als der deutschen Sprache oder in verschiedenen Sprachen aufgenommen, oder wird eine Verhandlung in einer anderen als der deutschen Sprache geführt, so werden die Sätze des Tarifs um die Hälfte erhöht. Wird die ganze Verhandlung in zwei Sprachen aufgenommen, so verdoppeln sich die Sätze des Tarifs.

Bei Anwendung der türkischen oder einer nichteuropäischen Sprache werden die sich aus Abs. 1 ergebenden Sätze um ein Drittel erhöht.

§ 6.

Bare Auslagen (z. B. Gebühren der Zeugen, Rechtsbeistände, Sachverständigen oder Dolmetscher, an dritte Personen gezahlte Provisionen, Insertionskosten, Portokosten, Transportkosten bei Amtsgeschäften außerhalb des Konsulats, Lagergebühren usw.) werden besonders erstattet.

§ 7.

Wahlkonsuln können für dienstlich verausgabte Gelder ortsübliche Zinsen berechnen, auch für Geschäfte, die außerhalb des Kreises ihrer amtlichen Wirksamkeit liegen, die ortsübliche Vergütung beanspruchen.

§ 8.

Beschwerden über den Ansatz der Gebühren und Auslagen sind bei dem Reichskanzler (Auswärtiges Amt) anzubringen.

§ 9

Unberührt bleiben die Vorschriften anderer Gesetze, wodurch für die in dem Tarif aufgeführten Amtshandlungen besondere Gebühren oder Gebührenbefreiungen oder -ermäßigungen festgesetzt werden.

§ 10.

Die in diesem Gesetze vorgesehenen Gebühren und Auslagen sind auf Ersuchen des Konsulats von den Behörden, denen die Beitreibung von Gerichtskosten obliegt, zwangsweise beizutreiben. Dabei finden die gemäß § 99 des Gerichtskostengesetzes (Reichs-Gesetzbl. 1898 S. 659) erlassenen Vorschriften über den zum Zwecke der Einziehung von Gerichtskosten unter den Bundesstaaten zu leistenden Beistand entsprechende Anwendung.

§ 11.

Der Reichskanzler wird ermächtigt, nach der Veröffentlichung dieses Gesetzes die in Nr. 9 b des Tarifs festgesetzte Gebührenfreiheit für die gemäß § 6 des Tabaksteuergesetzes vom 15. Juli 1909 (Reichs-Gesetzbl. S. 793) ausgestellten Bescheinigungen (Beglaubigungsvermerke) schon vor dem Inkrafttreten dieses Gesetzes eintreten und von der Einziehung der Gebühren für diese Bescheinigungen, soweit sie vorläufig unerhoben geblieben sind, absehen zu lassen.

§ 12.

Soweit in anderen Gesetzen auf Vorschriften verwiesen wird, welche durch dieses Gesetz außer Kraft gesetzt sind, treten die entsprechenden Vorschriften dieses Gesetzes an deren Stelle.

§ 13.

Dieses Gesetz tritt am 1. Januar 1911 in Kraft.

Mit demselben Tage tritt das Gesetz, betreffend die Gebühren und Kosten bei den Konsulaten des Deutschen Reichs, vom 1. Juli 1872 (Reichs-Gesetzbl. S. 245) außer Kraft.

Urkundlich unter Unserer Höchsteigenhändigen Unterschrift und beigedrucktem Kaiserlichen Insiegel.

Gegeben Neues Palais, den 17. Mai 1910.

Tarif.

Nr.	Bezeichnung des Amtsgeschäfts	Gebühren der Konsulate in Europa ausschließlich der Türkei M.	Pf.	außerhalb Europa sowie in der Türkei M.	Pf.
1.	Abschriften: für jede auch nur angefangene Seite, außer der Gebühr für eine etwaige Beglaubigung	1	—	1	50
	Sind die Abschriften in einer anderen als der deutschen Sprache abzufassen, so erhöhen sich die Sätze um die Hälfte; sind sie in türkischer oder nichteuropäischer Sprache abzufassen, so verdoppeln sich die Sätze.				
2.	Aufbewahrung, Erhebung, Eintreibung, Auszahlung, Ueberweisung von Geldern, Wertsachen oder sonstigen Gegenständen, außer den Gebühren für besondere Amtshandlungen				
	vom Betrag oder Werte	$1^1/_2$ %	—	2 %	—
	jedoch nicht unter	3	—	5	—
	Die Aufbewahrung und Aushändigung gewöhnlicher Briefe, die für die Empfänger unter der Adresse der Konsulate eingehen, wird von dieser Bestimmung nicht betroffen.				
3.	Aufgebot, eheliches	3	—	6	—
4.	Ausfertigungen, wie beglaubigte Abschriften (Nr. 1 und 5b).				
5.	Beglaubigung:				
	a) einer Uebersetzung für die erste Seite	5	—	10	—
	für jede auch nur angefangene weitere Seite	1	50	2	—
	Für Anfertigung der Uebersetzung können in Ermangelung anderweitigen Uebereinkommens die ortsüblichen Sätze beansprucht werden;				

Nr.	Bezeichnung des Amtsgeschäfts	Gebühren der Konsulate in Europa ausschließlich der Türkei M.	₰	außerhalb Europa sowie in der Türkei M.	₰
(5.)	Noch: Beglaubigung.				
	b) einer Abschrift für die erste Seite	3	—	5	—
	für jede auch nur angefangene weitere Seite	—	50	—	75
	Sind die Uebersetzungen oder Abschriften in einer anderen als der deutschen Sprache abgefaßt, so erhöhen sich die Sätze um die Hälfte; sind sie in türkischer oder nichteuropäischer Sprache abgefaßt, so verdoppeln sich die Sätze;				
	c) der Unterschrift einer Privatperson	6	—	10	—
	Die Sätze zu a, b und c sind nach Beschaffenheit des Falles bis auf ein Drittel zu ermäßigen.				
	Befreit von der Gebühr bleiben die Beglaubigungen der Unterschriften von Zeugnissen der kaufmännischen und technischen Angestellten, der Gesellen, Gehilfen und Arbeiter.				
6.	Behändigung eines Schriftstücks nebst Ausstellung eines Zustellungszeugnisses	4	50	7	50
7.	Behändigung oder Uebermittelung eines Schriftstücks ohne Ausstellung eines Zustellungszeugnisses	1	50	3	—
8.	Bergung: Mitwirkung bei Rettungs- und Bergungsmaßregeln bei Schiffsunfällen:				
	Nach Umfang der Arbeit . . .	15—150	—	30—300	—
9.	Bescheinigung (Attest, Zertifikat) (s. auch Schiffssachen):				
	a) für Ausstellung einer Bescheinigung zur Erhebung von Geldern bei einem Betrage der zu erhebenden Summe bis zu 500 M	1	—	1	50
	desgl. von mehr als 500 M. bis zu 1000 M.	2	—	3	—
	desgl. von mehr als 1000 M bis zu 2000 M.	3	—	5	—
	desgl. von mehr als 2000 M. .	6	—	10	—

Nr.	Bezeichnung des Amtsgeschäfts	Gebühren der Konsulate in Europa ausschließlich der Türkei		außerhalb Europa sowie in der Türkei	
		M.	₰	M.	₰
(9.)	Noch: Bescheinigung usw. b) Die Ausstellung einer Bescheinigung (eines Beglaubigungsvermerkes) auf Rechnungen über Tabaksverkäufe gemäß § 6 des Tabaksteuergesetzes vom 15. Juli 1909 ist gebührenfrei. c) für Ausstellung einer sonstigen Bescheinigung	6	—	10	—
	Die Sätze zu c sind nach Lage des Falles bis auf 1 M. und 1.50 M. zu ermäßigen.				
10.	Bodmerei: Feststellung der Notwendigkeit eines Bodmereigeschäfts	12	—	25	—
11.	Desertion: Mitwirkung bei Verfolgung eines desertierten Seemanns der Handelsmarine, einschließlich des Beistandes bei Gerichtsverhandlungen	6	—	12	—
12.	Dispache: Aufmachung einer Dispache, nach Umfang der Arbeit	15—150	—	30—300	—
13.	Eheschließung, umfassend die Eintragung in die Register und die vorangegangene Verhandlung .	10	—	20	—
	In den Fällen der §§ 9, 12 der Instruktion vom 1. März 1871, betreffend die Eheschließung usw. von Bundesangehörigen im Ausland, kann die Gebühr erhöht werden auf	15	—	25	—
	Berichtigungen oder andere nachträgliche Eintragungen im Eheschließungsregister auf Antrag eines Beteiligten	2	—	4	—
14.	Eid, Abnahme eines Parteieides . . .	10	—	15	—
15.	Entscheidung, vorläufige, von Streitigkeiten zwischen Kapitän einerseits und Schiffsoffizieren oder Schiffsmannschaft anderseits	10	—	20	—
	Wird der Antrag vor der Entscheidung zurückgenommen oder die Sache durch Vergleich erledigt	6	—	12	—

Nr.	Bezeichnung des Amtsgeschäfts	Gebühren der Konsulate in Europa ausschließlich der Türkei M.	₰	außerhalb Europa sowie in der Türkei M.	₰
16.	Forderungssachen:				
	Nachforschungen oder Einziehungs- oder Vergleichsverhandlungen in Forderungssachen, soweit nicht die in Nrn. 2, 29 oder 32 festgesetzten Gebühren zu erheben sind	3	—	6	—
	Nach Lage des Falles sind diese Sätze bis auf ein Drittel zu ermäßigen.				
17.	Geburten:				
	Beurkundung von Geburten, umfassend die Eintragung in die Register und die vorangegangene Verhandlung	3	—	6	—
	Berichtigungen oder andere nachträgliche Eintragungen im Geburtsregister auf Antrag eines Beteiligten	2	—	4	—
18.	Gesundheitspaß:				
	a) Ausstellung eines Gesundheitspasses	6	—	10	—
	b) Visa	6	—	10	—
19.	Haverei:				
	Besichtigung des Schiffes bei Havereifällen behufs Ermittelung des Schadens	10	—	15	—
	Dauert das Geschäft länger als eine Stunde, für jede weitere, auch nur angefangene Stunde.......	4	—	8	—
20.	Legalisation von Urkunden, die im Amtsbezirk ausgestellt oder beglaubigt sind	6	—	10	—
	Nach Lage des Falles sind diese Sätze bis auf ein Drittel zu ermäßigen.				
21.	Leichenpaß, Ausstellung	40	—	60	—
22.	Matrikelschein (Patent)...........	5	—	10	—
23.	Musterrolle:				
	a) Ausfertigung einer neuen Musterrolle	12	—	25	—
	b) Abänderung der Musterrolle: für jede An- und Abmusterung.	2	—	3	—

Nr.	Bezeichnung des Amtsgeschäfts	Gebühren der Konsulate in Europa ausschließlich der Türkei M.	₰	Gebühren der Konsulate außerhalb Europa sowie in der Türkei M.	₰
[23.]	Noch: Musterrolle. Werden mehrere An- und Abmusterungen zusammen vollzogen, so wird für die zweite und jede folgende die Hälfte der vorstehenden Sätze entrichtet. für jede sonstige Abänderung, z. B. mit Beziehung auf nachträglich getroffene Abreden über Unterkunft, Beköstigung u. a. . .	6	—	10	—
	Für Aufnahme des vorangehenden Heuervertrags wird keine besondere Gebühr entrichtet. Betreffen die in dieser Nummer aufgeführten Amtsgeschäfte die Musterrolle eines Segelschiffs, so ermäßigen sich die Sätze auf die Hälfte.				
24.	Nachlaßsachen:				
	a) Inventarisierung, Sicherstellung (einschließlich der Siegelung), Erhebung, Eintreibung, Aufbewahrung, Veräußerung, Auszahlung und Ueberweisung eines Nachlasses				
	von dem Betrage	2%	—	3%	—
	doch nicht unter	3	—	5	—
	b) Vornahme einer Siegelung allein	3	—	5	—
	Besteht die konsularische Tätigkeit nur in Erhebung, Eintreibung, Aufbewahrung, Auszahlung, Ueberweisung des Nachlasses, so ist die unter Nr. 2 festgesetzte Gebühr zu erheben.				
	c) Nachforschungen oder Verhandhandlungen in Nachlaßsachen, soweit nicht die unter a oder b oder die unter Nr. 2 festgesetzten Gebühren zu erheben sind	3	—	6	—
	Nach Lage des Falles sind die Sätze zu c bis auf ein Drittel zu ermäßigen.				

Nr.	Bezeichnung des Amtsgeschäfts	Gebühren der Konsulate in Europa ausschließlich der Türkei M.	₰	Gebühren der Konsulate außerhalb Europa sowie in der Türkei M.	₰
25.	Notariatsakte, Aufnahme eines Notariatsakts (s. auch Beglaubigung und Protest)				
	von dem Betrage	1 %	—	1 1/2 %	—
	doch nicht unter	6	—	10	—
26.	Oeffentliche Verkäufe:				
	von dem Erlöse	2 %	—	3 %	—
	doch nicht unter	3	—	5	—
27.	Paß (s. auch Gesundheitspaß):				
	a) Ausstellung eines Reisepasses ...	5	—	10	—
	b) Visa	3	—	5	—
28.	Protest, Aufnahme eines Protestes ..	6	—	10	—
29.	Schiedsspruch: Abgabe eines Schiedsspruchs				
	vom Werte des Gegenstandes ..	1 %	—	1 1/2 %	—
	doch nicht unter	6	—	10	—
30.	Schiffssachen:				
	a) Schiffsgebühr				
	für jede Nettoregisterton	—	1	—	2
	doch nicht unter	—	50	1	—
	Die Gebühr ist von jedem Kauffahrteischiff (§ 1, § 26 Abs. 1 des Gesetzes, betreffend das Flaggenrecht der Kauffahrteischiffe, vom 22. Juni 1899, Reichs-Gesetzbl. S. 319) zu entrichten, das sich über 48 Stunden in einem Hafen aufhält, in dem ein Konsulat des Reichs sich befindet.				
	Für die Gebühr hat das Schiff Anspruch auf alle Amtshandlungen des Konsulats, die in dem betreffenden Hafen zu seiner Abfertigung erforderlich sind, insbesondere auf Bescheinigung der Schiffsmeldung und -abmeldung, auf Aufbewahrung und Bescheinigung der Schiffspapiere, auf Erteilung aller Bescheinigungen, die zur Abfertigung des Schiffes in dem Hafen von den dortigen Behörden gefordert				

Nr.	Bezeichnung des Amtsgeschäfts	Gebühren der Konsulate in Europa ausschließlich der Türkei M.	Pf.	außerhalb Europa sowie in der Türkei M.	Pf.
(30.)	Noch: Schiffssachen. werden, sowie auf alle Dienstleistungen, die im Interesse von Kapitän, Schiffsoffizieren und Schiffsmannschaft liegen und für die keine besondere Gebühr oder Vergütung vorgesehen ist. Schiffe, die in demselben Kalenderjahre denselben Hafen wieder besuchen, zahlen bei der zweiten und jeder folgenden Fahrt die Hälfte des tarifmäßigen Satzes, doch nicht unter 50 Pf. und 1 M. und in demselben Kalenderjahre nicht mehr als das Vierfache des tarifmäßigen Satzes. Befreit von der Gebühr sind: 1. Schiffe, welche den Hafen nur in Ballast anlaufen und wieder verlassen; 2. Schiffe, welche den Hafen wegen Sturm, Haverei, Kriegsgefahr usw. als Nothafen anlaufen und nur als solchen benutzen.				
	b) Ausstellung eines Flaggenzeugnisses	50	—	100	—
	c) Feststellung der Notwendigkeit eines Schiffsverkaufs	12	—	25	—
	Betreffen die in dieser Nummer aufgeführten Amtsgeschäfte ein Segelschiff, so ermäßigen sich die Sätze auf die Hälfte; jedoch bleiben die unter Nr. 30a bezeichneten Mindestgebühren auch in diesem Falle unverändert.				
31.	Sterbefälle:				
	Beurkundung von Sterbefällen, umfassend die Eintragung in die Register und die vorangegangene Verhandlung	3	—	6	—
	Berichtigungen oder andere nachträgliche Eintragungen im Sterbe-				

Nr.	Bezeichnung des Amtsgeschäfts	Gebühren der Konsulate in Europa ausschließlich der Türkei M.	₰	außerhalb Europa sowie in der Türkei M.	₰
(31.)	Noch: Sterbefälle. registier auf Antrag eines Beteiligten	2	—	4	—
32.	Vergleich: Vermittelung eines Vergleichs	6	—	12	—
33.	Verklarung: Aufnahme einer Verklarung	10	—	15	—
	Dauert das Geschäft länger als eine Stunde, für jede weitere auch nur angefangene Stunde	4	—	8	—
34.	Zeugen- und Sachverständigen-Vernehmung für jeden Zeugen oder Sachverständigen	10	—	15	—
35.	Zusatzgebühren:				
	Nimmt ein Geschäft die dienstliche Tätigkeit außerhalb der Amtsräume in Anspruch, so sind, außer den entstehenden Gebühren, Zusatzgebühren zu entrichten, und zwar:				
	für den Konsul oder dessen Stellvertreter:				
	für die erste, auch nur angefangene Stunde	4	—	8	—
	für jede folgende Stunde	2	—	4	—
	für den Dragoman, Dolmetscher, Kanzler, Sekretär, Protokollführer:				
	für die erste Stunde	2	—	4	—
	für jede folgende Stunde	1	—	2	—
	Dauert das Geschäft länger als 6 Stunden, so wird für den Tag entrichtet:				
	für den Konsul oder dessen Stellvertreter	20	—	40	—
	für den Dragoman usw.	10	—	20	—
	Diese Zusatzgebühren sind in den unter Nrn. 8, 11, 19 und 33 bezeichneten Fällen nicht zu entrichten.				

Druck von Ackermann & Wulff Nachflg., Grosardt & Gowa.